it

ALEXA
CHUNG

IT by Alexa Chung

First published in Great Britain by Particular Books 2013

Japanese translation published by arrangement with
Penguin Books Ltd through The English Agency
(Japan)Ltd.
Translated by Sumire Taya
Published in Japan by Disk Union Co., Ltd.

PICTURE CREDITS
pp. 26, 40, 41, 60, 63, 118 © Rex Features; pp. 55 (cat), 55 (Ronnie Spector), 120 © Getty Images; pp. 114, 142 © Corbis; pp. 37, 39, 45 from the BFI National Archive

p. 10 © Polygram / Alex Bailey; p. 29 © Regency / James Bridges; p. 30 © MGM; p. 34 © Touchstone / James Hamilton; p. 35, © Vogue; p. 36 © Estate of Jeanloup Steiff; p. 42 © Heritage Images; p. 43 © Juergen Teller; p. 46 © Tennessee Thomas p. 61, Time & Life / Getty Images; p. 62, © ARGOS; p. 92, © Estate of Sam Haskins, 2013; p. 107(bottom) © Tennessee Thomas p. 110 © William Coupon / Corbis; p. 112 © David Bailey / Camera Eye; p. 158, © David Titlow; p. 160, © Mark Hunter; p. 163 © Guy Aroch; p. 180 © Alan Davidson; p. 183 © Splash News
All Other images © Alexa Chung

IT
アレクサ・チャンに学ぶオシャレの秘密

初版発行　2014年7月1日

著　Alexa Chung
翻訳　多屋澄礼（Twee Grrrls Club）
装丁　川畑あずさ
日本版制作　筒井奈々（DU BOOKS）

発行者　広畑雅彦
発行元　DU BOOKS
発売元　株式会社ディスクユニオン
東京都千代田区九段南3-9-14
編集　tel 03-3511-9970 ／ fax 03-3511-9938
営業　tel 03-3511-2722 ／ fax 03-3511-9941
http://diskunion.net/dubooks/

印刷・製本　シナノ印刷

ISBN978-4-907583-10-1
Printed in Japan

ジルそしてフィルに捧ぐ

絶え間ない支援と励みを与えてくれた両親と
友人たちに心からの感謝を。

私を奮い立たせてくれるチアリーダーであり、
格別な親友であるヘレンにも感謝を込めて。

Alexa Chung

it

私の初恋の相手は馬だった。
両親にはなかなか理解されなかったけれど、人よりも馬の数の方が多い村に育ち、馬に対する恋心が自然と湧いてきたの。６歳の誕生日に乗馬のレッスンをプレゼントしてもらった私は、ジョッパーズにリバーシブルのトレーナー、新しい黒のブーツでおめかしをしてそのレッスンに臨んだわ。そして７歳の誕生日を迎える頃には両親にポニーが欲しいとおねだりをした。最初の数ヶ月、両親は私のこのお願いを一時的なものだと思って、本気にしてくれなかったわ。両親の間をたらい回しにされ、堪忍袋の緒が切れた私は、**「どうしても、どうしても、どうしてもポニーが欲しいの！」**と一日中ずっと叫び続け、やっとの思いで手に入れた最初で最後のポニーに、ピップと名付けた。ピップはのんびり屋で、ジャンプは苦手だったけれど、手綱を引いて歩くのには最高だった。思い返してみると、ファッションと同じくらいに動物が身の回りにあり、ポニーに興味をもつのもごく自然な流れだったのだと思う。そしてこれからもスキニーパンツ、アンクルブーツ、ぶかっとしたプルオーバーのシルエットの魅力から逃れることは難しそう。

The Spice Girls「Wannabe」の最初のフレーズは、私たちの合い言葉だった。Mel B が発する不思議な "Zigazigahhh!!!" という歌詞を初めて聴いたのはスペインのマヨルカ島のビーチだった。10代になったばかりの少女たちが、インターネットや携帯が普及する以前だったのもあって一斉にラジオにかぶりつくほど The Spice Girls が一世を風靡するなんて、

私には思いもよらなかった。どこからともなく現れたThe Spice Girlsはポジティブなパワーの渦みたいに、彼女たちらしいやり方で成功を収めていった。彼女たちのファッションスタイルを見るなり、私は夢中になったの。鮮やかな色の洋服に身を包み、それぞれの個性を生かしたファッションで「**ガール・パワー！**」と声高に叫ぶ5人の若い女性たちこそ、私がずっと求めていたグループだった。もちろん、彼女たちの存在が、私の音楽の趣味がいい方向に成長するのを台無しにしたこともわかっているけれど、音楽的教育よりも、キラキラと輝くアイシャドウだったり、おへソが出るチビTシャツの胸にティッシュを詰めたり、歩くのが困難な厚底靴を履いてみたり、と、今までにない新しい世界に憧れていたわ。不器用な子どもから不器用な少女へと成長していく中で必要不可欠なトレーニング・ブラジャーのように、The Spice Girlsは私の成長を支えてくれた。
1996年から98年の間、私のファッションは野暮でダサかったの。その原因として、The Spice Girlsから受けた影響ははずせないわ。90年代に60年代のファッションを取り込んだ彼女たちなりのスタイルは、お手軽で魅力的だったの。一時期その魅力を否定することもあったけど。ユニオンジャック柄のドレス？　OK。厚底靴？　なかなか、いいわ。2つ結びのヘアスタイル？　うーん。全身豹柄？　もちろん最高。……いっぺんにグループ全員のスタイルを真似して取り入れようとしたのが失敗の原因だったみたい。それでも彼女たちのダサくて、野暮ったくて、カラフルなところは真似できたわ。

「Stop」のPVは特にお気に入りよ。ジェリ・ハリウェルが髪をビーハイブ*にしてブルーのタートルネックにキルトのスカートを合わせたスタイルでロバに乗って村を通り抜けて行く。彼女って本当に天才ね。あと、今まで出逢った人の中でジンジャー・スパイスは最も美しい女性だと思っていたから、母は私が髪を彼女みたいな色に染めるのも許してくれたし、正直に言うと、グッチの存在だってポッシュ・スパイスから学んだのよ。今でも、唇を尖らせるポッシュみたいな動きをダンスのヴァリエーションに取り入れるのが好きよ。私ってお手本通りにしか踊れないから、ポッシュみたいに踊るのは私に合ってるみたい。

自分勝手な男性たちの手によって量産され、売り出されたガールズ・グループによってフェミニズムという考え方の手ほどきをされたと考えると、時々悲しくなる。でもまあ、前向きに進んでいかなきゃいけないわよね。The Spice Girls 独自のガール・パワーのおかげで、一度には思い出せないけれど、母（名曲「Mama I Love You」）や女友達（"もし私の恋人になりたければ、私の友達と仲良くならなきゃダメよ"っていう歌詞から)、他にもまだまだある、いろんなものへの感謝の気持ちを抱くことができたの。「2 Become 1」って曲ではセーフセックスを促進していて、ふつうでは取り扱われないようなこんな問題も、彼女たちは歌の中で提示していたわ。

*エイミー・ワインハウスのような、ドーム型に結った髪型

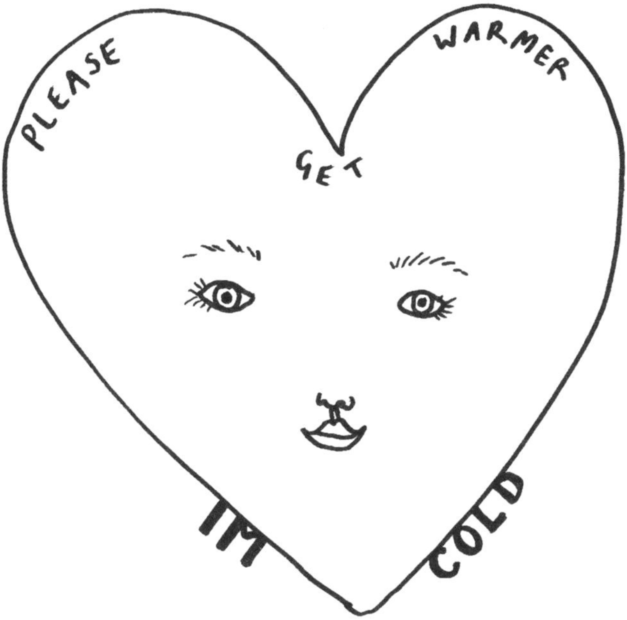
PLEASE
GET
WARMER
IM
COLD

私のおじいちゃんのクウォンは痩せた中国人で、私をつねったりしてどれだけ私を愛しているかを表現しようとする人だった。英国式のサンデーローストで日曜日に家族が集まっても、ジャガイモとヨークシャープディングしか食べてなかったっけ。私は祖父の料理の才能もさることながら、そのファッションセンスに憧れていたわ。80年代に、父と母がクリスマスに祖父にシャツをプレゼントした時、祖父はていねいに（とってもゆっくりと）包みを開け、自分の横に置いてはみたけれど、実際それに腕を通すことは一度もなかったの。大きくなるまで私は気付かなかったけれど、祖父のクウォンには彼ならではの厳格なスタイルがあったみたい。どんなに世間ではナイキのトレーナーが流行っていようとも、祖父は分厚いベッコウの眼鏡、ストライプのシャツにネイビーカラーの袖無しのセーターを重ね、茶色の細身のコーデュロイのパンツ、そしてネイビーのハンチング帽をかぶるのが日常の装いだったわ。そんな祖父のクウォンは私のファッションスタイルにおいて偉大な存在であり続けるわ。

13歳になると、学校のみんながダンス・ミュージックに夢中だったからいつも好きなふりをしていた気がする。もしあの時にみんなと違うものが好きでもいいんだとわかっていれば、そしてスミスやキュアー、バズコックス、トーキング・ヘッズや今でも夢中なバンドのことを教えてくれる年上の男性に出逢っていたら……きっと私を悩みから解放させてくれていたはずよ。こんなぺったんこな胸と棒のように痩せ細った色気のない脚をもった私なんかに恋してくれる男の子に出逢って、ほっと安心できる日がくればいいのにって思っていたわ。母は私をピアノのレッスンに通わせてくれていたの。家でもちゃんと練習するようにと母が言っていたのに、私はそれに聞く耳をもたなかったわ。きっと真面目に練習して、上達していたら今でも役に立っていたはずだし、そのことを母に感謝していたはずよね。毎週水曜がレッスン日で、母が車でバッテン夫人の家まで送ってくれる間、助手席でザ・アーチャーズ*を聴きながら、この1週間練習をしていない言い訳を必死に考えていたわ。その時には想像もつかなかったけれど、お酒を飲んでいる時にショパンを弾いて男の子の気を引くことができるのは、その時のピアノレッスンの賜物だと感謝しているわ。（若者よ、勤勉であれ！）

*ラジオのメロドラマ

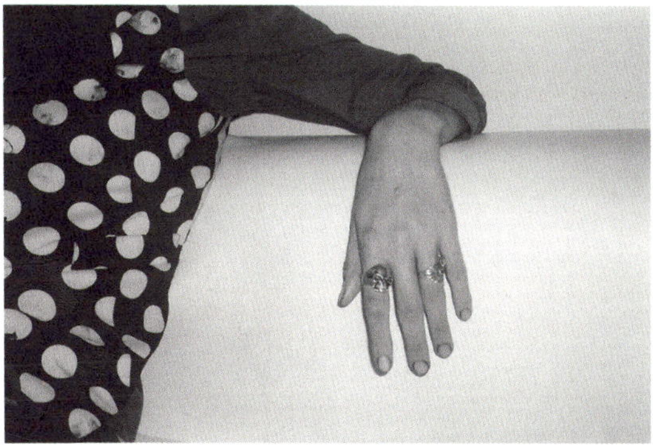

JON SAVAGE
Teenage

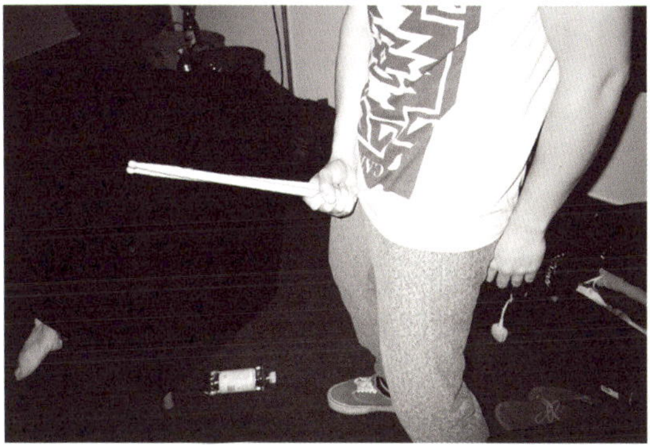

ミュージックビデオのキャスティングの時に、今では親友となったミスティー・フォックスに出逢ったの。私たちはオーディションで親友を演じ、それがうまくいって採用され、それ以来一番の友達になった。ミスティーは私が忘れてしまったようなことや私たちの秘密を余すことなく覚えていてびっくりしたわ。上の写真は彼女が「ミス・ワールド」に選ばれた人の真似をしている写真なの。たまたまこんなチャンスが与えられていても、こんな変人みたいなことをしゃべったり、ましてや本に書いたりするべきじゃないかもしれないわね。

自分のファッションスタイルってどんなのかしら？　そう考えた時、銀幕のスターからの影響が絶大なのに気付かされたわ。私って着る服を選ぶ時にもつい、映画の登場人物のファッションからインスピレーションを得ようとしてしまうみたい。可愛らしいドレスを着てその人物になりきるんだけど、完璧に真似するのではなく、今は自分の洋服のコレクションにほのかに合わせるようにしているの。それでもアダムス・ファミリーのウェンディーだけは例外ね。あのスタイルは他からの影響が入る余地がないほど完璧。

DUNLOP

私が最初に恋に落ちた映画のキャラクターはアニー・ホール。なぜなら映画の中での彼女の着こなしが素敵だから。私にとって初めてのウディ・アレンの映画を観て3年くらいは、作品のクオリティーうんぬんとは関係無く、彼の作品の何もかもに夢中になっていたわ。洗練された着こなしのせいもあって、彼女の性格は現実主義で完璧主義に見えるけれど、実はちょっと間抜けで、突拍子もない性格と、紳士風の着こなしのミスマッチさこそが魅力に思えた。アニー・ホールよりも完璧なハイウエストのパンツやネクタイの着こなしを生み出した人は今まで現れていないわ。女性らしさとトムボーイを織り交ぜたシルエット、そして無造作の中で生み出されたスタイルは特別で、今でもとても参考にしているの。70年代の古臭いデザインの眼鏡、男性用のストライプシャツ、品の良いツイードのジャケット、ヴィクトリア調のフリルシャツも彼女は合わせ方が絶妙で、好きにならずにはいられないの。私はその時、ものすごいミニスカートやぴちぴちのトップスじゃなくても女性のセクシーさを表現できることに初めて気付いたの。これは10代の女の子にとってかなりの新発見だったことはたしかね。アニーはすごく神経質っぽいキャラクターなのに、映画の中では私たちを魅了してくれる。彼女の時代錯誤の着こなしは気品に溢れていて、洋服を選ぶ時、私はそれを取り入れようと血まなこにならずにはいられないわ。

その一方でセクシーの基準として、映画「エンパイア・レコード」の時のリブ・タイラーも忘れてはいけないわ。彼女の明らかに挑発的なファッションは10代の子が幻想を抱く小悪魔そのものなの。メンズのごっついブーツに女学生風のキルトスカート、それに丈が短めのモヘアニットのトップスを合わせたスタイルはただただ完璧よ。
彼女の均整のとれた外見、子どもっぽいだけじゃなくて、自分の魅力的なところをわざとらしいほど目立たせているところに惹かれるわ。女学生がストリップをするような衣装には皮肉が込められているし、ユーモアセンスを感じる。これって「ベイビー・ワン・モア・タイム」のPVでのブリトニー・スピアーズの衣装を何百倍も格好良くした感じよね。リブ・タイラーがもしこのファッションでちょっとでもお化粧をしていたらセクシーすぎて反感を買いそうだけど、その清潔感のある顔立ちのおかげで完璧に着こなしていたわ。若い男の子だったら卒倒しそうなこのファッション、私も高校生の時に再現しようと試みたけど、期待したような反応は得られず残念だったわ。

『ロリータ』は私のお気に入りの小説で、夏になると彼女の着こなしをつい参考にしてしまうほど、そのキャラクターも大好き。このスタイルは、明らかに年齢に左右されそうだけど、道端で誰かから腐ったトマトを投げられるまでは、このスタイルを貫き通したいの。彼女が映画の中でかけているハート形のサングラスも最高。ハート形のサングラス、この響きだけでしびれちゃう。それにホット・パンツと丈が短めのブラウスの組み合わせ、上下を合わせたビキニとハイウエストのパンツ、ツインテールも大好きなの。このスタイルは16歳以上、25歳以下じゃないと勘違いな人だと思われてしまうかもしれないけど、私はこの、文学史に名を残す小悪魔に敬意を表し続けたいわ……少なくとも今しばらくの間はね。

MONTAUK

映画「ザ・ロイヤル・テネンバウムズ」でのマーゴ・テネンバウムの黒いアイラインが引かれたメイク、チェーンスモーカーまるだしなルックス。サイドパートのボブ、プレッピーなラコステのワンピース。テニス用のワンピースの上にファーコート。彼女のスタイルって本当に最高なの。ハロウィンになるとアメリカでは彼女になりきった仮装の子をたくさんみるけれど、それは彼女が最高におしゃれで時代を超越した存在だからだと思うわ。

映画「チャオ！　マンハッタン」に出てくるイーディ・ブラッディ・セジウィックの魅力をどんな言葉で表現するべき？人間の顔ってどれだけの化粧を施すことができるのかしら？女の子が摂取できるドラッグの量は？　その答えは「たくさん」よ。最盛期には、イヤリングに、超ミニのドレス、黒いタイツ、（ウォーホール好みの）短く刈り込んだヘアースタイル、流行最先端の豹柄のジャケットを合わせて素敵だったわ。彼女のイメージはちょっと頭の悪いお嬢様で、年を重ねても着る洋服を年相応のものに変えることができなかったの。それでもこの1966年のアメリカ版のヴォーグ誌に掲載された写真は、私のお気に入りの一枚としてあげずにはいられないわ。

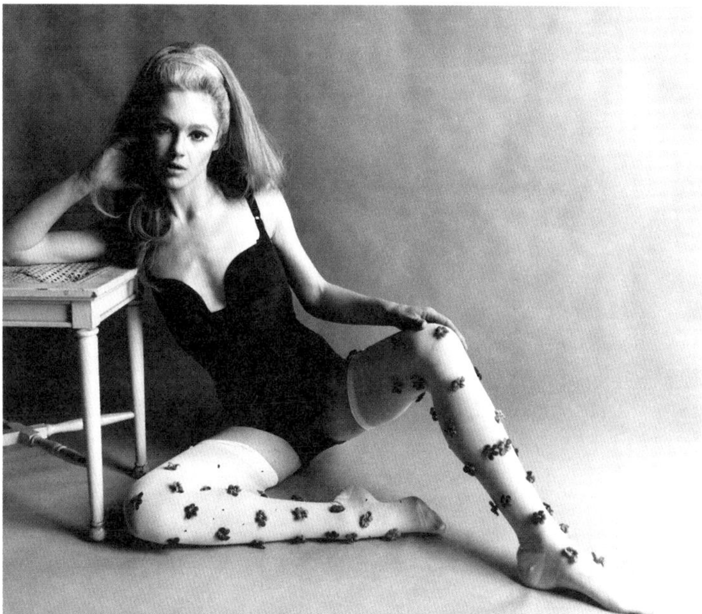

映画「愛の嵐」は常軌を逸した作品だけれども、シャーロット・ランプリングがどの場面でも最高の表情や素晴らしい衣装で魅了してくれる。シャーロットがナチスの制服の吊りズボン、エナメル革のキャップを身につけた象徴的なシーンは何回も人々に語られてきたけれど、他のシーンで見せる、上品できっちりとした衣装を着た彼女に一番心惹かれるの。パステルカラーもヘアーバンドもメリージェーン*も大好きになったわ。不謹慎な内容でも、彼女の存在がこの映画を価値のあるものに高めているの。シャーロットのプライベートなスタイルもとても想像力を掻き立てられるわ。たとえ彼女がガーリーで、可愛らしい洋服を着ていても彼女の顔立ちのせいか、どこか男性的な魅力も醸し出しているわ。

＊ストラップシューズのこと

ライオットガールの時代以前の、怒りをエネルギー源としたガールズパンクが趣味ならば、（ありがたいことに私もなの）「レディース・アンド・ジェントルメン、ファビュラス・スティン」は素晴らしい映画だと思うわ。映画に出てくるファッション、ヘアスタイル、メイクにぜひ注目して欲しい。もし反抗したいことや「ノー」と言いたいことがあれば、上司や母親、友人が言うことなんかには耳を傾けないことが重要。このことがあなたのワードローブにインスピレーションを与えてくれるはずよ。

「警告」：すべての人にこの個性的なファッションが似合うとは限りません。さあ、シャウトする準備はいい？

「レオン」でのナタリー・ポートマンは大人の男性たちをとってもソワソワさせるみたいだけど、私もその気持ちは完璧に理解できるわ。このマチルダは『ロリータ』と同じ系譜にありながらもこっちのほうが不良でとんがっているし、トムボーイ的なスタイルの完成度は天才的ね。彼女が身につけているチョーカーも、ボマージャケット*も大好き。でも私が一番愛しているのは彼女のその毅然とした態度よ。

*ミリタリーブルゾン

映画「ヘザース」のウィノナ・ライダーは最高に悪い子ちゃん。優等生の良い子ちゃんが不良少女に変身する*スタイルはリアーナ以前にウィノナが完成させていたわ。ヘザーの「ワスプ**」でプレッピーなペニー・ローファーにキルトスカートを合わせるコーディネートは最高なんだから。

*「good-girl-gone-bad」……リアーナの曲名　**英国系でプロテスタントの白人

初めてピーターパン・カラー*と出会ったきっかけはアダムス・ファミリーのウェンディーだったはず。その衣装、青白くゴシックな顔色、おさげと愛らしさがあいまって、すぐにお気に入りのファッション・リーダーになったの。微笑むことさえ上手にできないウェンディーの表情がダークでゴシックな衣装をよりいっそう引き立たせていたわ。

*高さがない丸襟

スケートボードに乗れるように何度も挑戦し、（ジョディー・フォスターみたいに）上手な女の子に私はいつも嫉妬をしていたの。なにも恐れない精神とバランス感覚、そして12歳であること。これが上手にスケートボードに乗る条件だって学んだ。私はどれにも当てはまらないんだけどね。男性にとってスケートボードに乗るのは、女性にとってホット・パンツを履くことみたいなもので、ある年齢に達すると途端に勘違いな人としてまわりから見られるの。もちろん、誰だってもうおしまいだと言われるのは辛いはずよ。

今までにもその美しさ、スタイル、本質を切り取ろうと、数えきれないほどのケイト・モスの写真が撮られてきた。私たちが彼女を知りたいと思う欲求は尽きることがないの。彼女は、プロデュースした商品を私たちに売ることで多額のお金を得てきたけれど、実際のところ私たちは以前からそんな商品を購入することに興味を失っていたのかもしれない。彼女が身につけたものはどんなものでも、前例の無いくらい素晴らしいものに見えてしまう。その理由は誰も説明ができないけれど、**彼女自身**がとてつもなくクールで唯一無二な存在というのは真実よ。

そして、「女は女である」のアンナ・カリーナ。まさに私たちの憧れ。セーラーを着た彼女がストリップをして完璧に素晴らしい60年代の下着姿になるシーン。赤いタイツとレインコートの組み合わせ。白いファーで縁取られたサンタ風のブルーのお洋服に、ブルーのヘアリボンを合わせて。**アンナ・カリーナ！ お願いだからこれ以上完璧にならないで！** 背中の方にボタンがくるように赤いカーディガンを後ろ前逆に着ていて、それが超フランス風で、超可愛くて、言葉を失ってしまうわ。この映画を観る時はどの画面も写真に収めようとしてしまうの。とにかく、彼女になってみたいと憧れてしまうわ。（ただし赤ちゃんが欲しいと脅迫観念にかられるところは抜きにしてね！）

朝起きて、今日一日何を着るのか決めるのはなかなか難しい。私の場合、まず、固いものならなんでも洋服掛けになってしまっているので、床やベッド、トランクやタオル掛けなどいたるところに洋服が散らばっていて、その光景はまるで石油が海に流れこむかのように広がってしまってるの。
とにかく、私が言いたいのは、もし私が整理整頓をきちっとやる性格だったとしたら、朝に洋服を選ぶのも不可能じゃないわ。だって着る洋服を前日の夜の間に選ぶはずだから……。
でもそれだと私のスタンスにまったく反するの。つまり、その日に着る洋服選びは、自発的かつ衝動的であるべきなの。衝動的ってとこに関しては、床に散らばっているこの衝動買いしたものたちを見れば理解してもらえるかしら。こんな洋服たちのカオスに囲まれながらも、私なりの身支度の手順を考案してみたわ。

さあ手順を伝授するわ。

1.（あなたの好みは知らないけど）シャワー、お風呂、洗面台で今日一日がどんな日になるのかを想像するの。退屈な仕事だったり、元カレや将来の伴侶と偶然出くわしたり、宿敵と顔を合わせたり、そんな状況に置かれた自分がどんな服を着ているかを考えてみる

2.その洋服は清潔？——本当にそうかしら？？？

3.お目当ての洋服を探してみる

4.その洋服を身につけ、次が重要よ……*さあ自分の姿を鏡で見てみて*

5.サイズはちゃんと合ってる？　下着の線は見えちゃってない？　その短さじゃ階段の下からパンツをのぞかれない？この靴だと歩きづらいかしら？　魔女や頭のおかしい人や、マジックマッシュルームのとりすぎに思われちゃう？　もしそうなったら手順1に戻ってね。これで完璧よ。

どういたしまして。

THIS IS SOUL!
Soul | 60s Classics | Rock 'n' Roll
SATURDAY
£6/5
Buffalo Bar

メイクとの出会いを思い返してみると、母がマニキュアを塗ったり、口紅を塗ったりするのを眺めては、まるで母が出かける準備をするみたいに、鏡に向かって真似していたわ。11歳になるとアメリカのティーン・ドラマ「マイ・ソー・コールド・ライフ」やSFをテーマにしたリーバイスのCMに夢中だった私は、シルバーのアイシャドウと焦げ茶の口紅を体験するまでに成長していて、今となってはそのカラーのチョイスは90年代過ぎると自分を責めたくなるわわね。
10代になると、本当は全然必要ないのに、その時は塗らなければと思い込んでファンデーションの正しい塗り方をマスターするのに奮闘したの。その化粧をした顔はまるで子役タレントのコンテストにでも出てるみたいだったわ（その時期の写真は一枚も残っていないの。おそらく両親は思いやりの気持ちで、将来の私に配慮してフィルムに残さなかったのね）。16歳になると私はモデルの仕事を始め、キラキラ、スモーキー、ネバネバ、セクシー、油っぽい、ツヤ消し……あらゆるタイプのメイクを顔に施す体験をしたわ。

いろんなメイクを経験してきたけれど、今でも正解を見出すのは難しい。
化粧なんてまったくしなくていいのがもちろん理想で、タトゥーみたいながっつりメイクなんてしたくなくても、現代のたいていの女性たちにはその選択の自由は与えられていないの。
午前11時に（Foo Fightersの）デイヴ・グロールみたいな顔になりたくなければ、やっぱりやらなきゃね。個人的には日中は、ナチュラルメイクがいいわ。テレビや写真撮影で濃いメイクをしなくちゃいけない日が多いから、休みの日は保湿クリームにコンシーラー、マスカラ、チークとリップクリームだけで過ごすようにしているの。

運良くプロにメイクをしてもらう機会に恵まれ、そこから学んだことがいくつかあるの。
まつ毛をすこしだけカールさせると長持ちするわ。もし鋼鉄みたいにガッチリしたまつ毛が嫌なら私みたいにマスカラみたいなものはパスしてもいいと思う。グロスや香料が強過ぎるリップは唇の皮がはがれる原因になるから、なるべくナチュラルなリップクリームやオーストラリアのポポーの実からつくられるクリームを塗るのがおすすめよ。キスがしたくなるような唇をずっと保たなくちゃ。唇の皮って時々はげ落ちるけど（この響き気持ち悪いわね）それをケアする即席アイテムとして、私はワセリンとブラウンシュガーを使うの。それを唇に擦りつけて温かいお湯でそそぎ落とせば大丈夫。これを冬に使えば、風にさらされて荒れた唇も、夏のツヤツヤの唇に生まれ変わるわ。
上手にチークをつけられるようになるまでにも時間がかかったわ。塗りすぎてケバいと非難される経験がなかったのは救いね。クリームタイプのチークを丸く両頬に塗り、指で肌になじませれば、恥ずかしいほどではなく、少し頬が紅潮しているように仕上がるの。肌の上に乾いたなにかがかぶさっているのは気持ちが悪いから、パウダータイプよりクリームタイプを好んで使うわ。
保湿にはこだわりがあるけど、タバコもやめられないの。だからこの２つのバランスをしっかり考えていかなくちゃね。

私の定番、「朝起きたてのナチュラルメイク」を見直してきたけれど、一日の仕事を終えて夜に出かける時にはキャット・アイなアイラインをメイクに加えることにしているの。クレオパトラやロネッツのロニー・スペクターから盗んだこのメイクは、いつでもまわりから褒められるわ。上瞼にラインを引く時にまっすぐな線を引ける、顔にシミをつくらない、この２つの問題を解決してくれるアイライナーを見つけ出すのが先決ね。他にいえるのは、上手く線を引けるように練習することと、目を大きく見せようとしたり、本物の猫みたいにしようとしないことね。猫の顔を研究する必要があるわね。

ペン型のリキッド・アイライナーは思いのままに線を引けるし、耐久性に優れているの。ポットタイプのアイライナーには端にブラシが付いた棒が添えられているんだけど、このタイプは「家を出る前にメイクがドロドロととける」ためにつくられたの！？　って疑わずにはいられないわね。きっと誰か意地悪な人がつくったに違いないわ！

キャット・アイのアイメイクに夢中になったのはすいぶん昔だけど、誰を参考にしたらいいのか私にはわかっていたわ。初めてのテレビでの仕事ではプロのメイクさんがついて、メイクのプロが、プロではない（二日酔いの）私の顔に化粧を施すことになったの。テレビだから目力は必須だし、メイクさんと私はあれこれ考えた結果、アイメイクにポイントを置くことにしたの。

BRUNO

CLEOPATRA

上瞼の縁に沿って初めて黒いラインを引いたら、その瞬間から他のメイクへ浮気できなくなっちゃったわ。そのアイメイクはセクシーさと上品さが備わっていながらもやり過ぎに見えないところが魅力なの（クレオパトラはどうやらコールという墨をライナーにして目を縁取っていたけれど、ただイケてるだけじゃなく、疫病予防にもなったらしいわ）。

アイライナーから話はそれるけど、気分が高まっている時はメイクの仕上げに赤い口紅を塗るの。でも、これは特別な機会に限るわ。それでもこれには例外があって、疲れた表情の時には、目の下のたるみをごまかすために赤い口紅をプラスしてごまかすこともあるわ（警告：もしこのメイクをあなたが実行すれば、昨晩から一睡もせずに仕事に直行する特別な機会だったと思われる可能性あり）。それに加えて赤い口紅って空港でもばっちり決まるの。理由はわからないけれど、旅に出ている時にわざわざ口紅を塗ることでさらにワクワクするわ。飛行機に乗る時の必須アイテム：赤い口紅、お肌の保湿クリーム、コンシーラー、手の除菌ローション、ドライシャンプーの缶。そしてシートベルトのサインが点灯する前にトイレの列に並んで化粧直しをするのはほぼ不可能だから、鏡も忘れずに。

みんな同じ顔じゃないからそれぞれに違うメイクが似合うのは当然。顔立ちのどこを強調したいのかを把握したら実験してみるの（ただし家の中で！）。その実験と共に何が自分に似合わないのか分析するのも大切よ（例えば、自分に嘘をついているみたいだから作りものだったり人工的なものは嫌。日焼けをしすぎたら肌がとっても小麦色になるけど、こんがりとした肌は自分に不釣り合いだと思う。冬になると肌がすごく青白くなっていくから、ゴシックな感じを取り入れたくなるわ）。

私が目の内側にラインを引くと、睨んでいると勘違いさせちゃうから、それは遠慮するわ。私よりクリクリな目をした友人のリジーだったら、そのラインのおかげでとっても素敵な表情に仕上がるのよね。

私が愛する美しい人たち

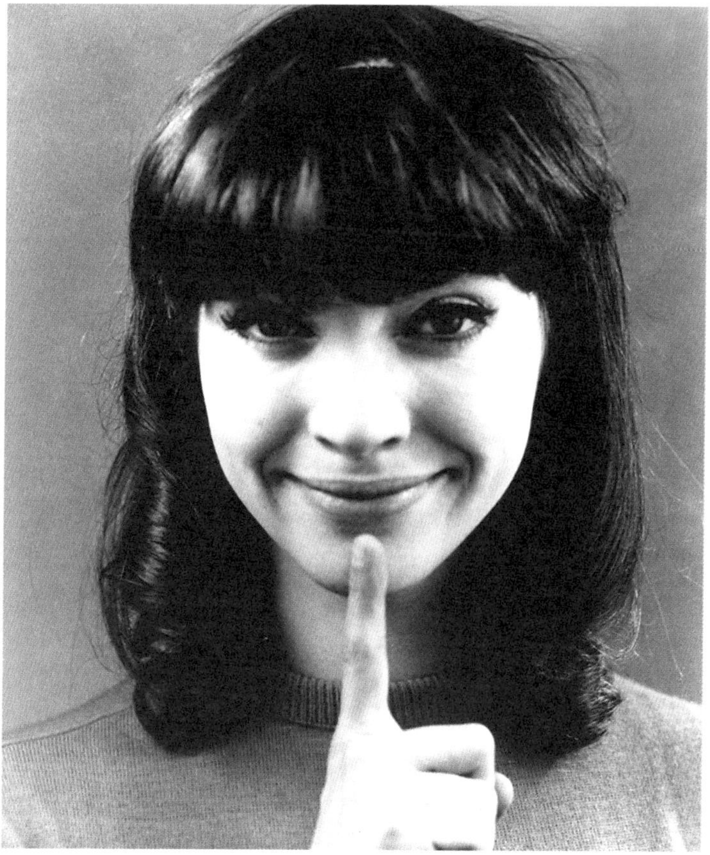

もしアイライナーをポイントにしたければ
アンナ・カリーナがそのお手本になるわ。

ツイッギーは完璧よ。下まつ毛にマスカラを束状に
たっぷり塗って丸くて大きな目を目立たせているの。
マウスの帽子はご自由に。

「パリ・テキサス」のナターシャ・キンスキーの
セクシーなピンクの口紅はいかが？

濃い太眉の時代がくるずっと前から
ブルック・シールズはずっと太眉。

Jean Shrimpton

無造作感を演出するために、私たちはたくさんの努力をしなければならない。

新しいコンバースを手に入れた時、私ならわざと泥でこすることで真っさらできれいに見えないようにするの。真新しいコンバースを履くのはなんだか居心地が悪いから。
カール・ブラシを駆使しながら髪の毛をドライヤーで乾かして、乾き切る少し手前でちょっとだけサーフスプレー*と水を吹きかけて髪の根元からマッサージをするの。そうすることで「髪なんてどうでもいいわ」って感じの無造作で寝起きみたいなヘアをつくり出すことができる。

そして目の縁の内側に沿って、黒いペンシル型のアイラインで線を描き、連続して数回強く瞬きをするの。目の下に残った余計なアイラインを拭き取るんだけど、拭き取りすぎないようにすれば、一日をやり過ごしたみたいな、こなれたメイクが完成するわ。

*髪を海から上がったみたいに少しごわっとさせるヘアスプレー

COOL
游卡桌游
游卡桌游
CHINA CHECKERS

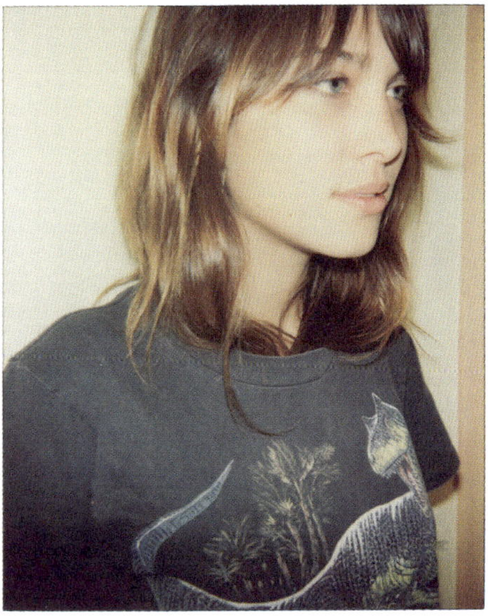

この写真は私がモデルをやっていた時期に撮られたもので、（クライアントが私の外見だけで国籍を判断するように敢えて「チャン」と表記していない）名前と身体のサイズを記したカードに添えられていたものなの。自前の恐竜のＴシャツに髪をしまい込んでいるのは果たして意図的なのか、それともうんざりするようなエージェントが下着姿の自分のスリーサイズを測定させたり、写真を撮ったりしたすぐ後だったからなのか、理由はわからないの。もちろんモデルだから、今まで何度もバスト、ウエスト、ヒップを測り続けてきたわ。悲惨なことにモデルって、学生時代から大人になる成長期にその数

字の更新はあまりないように気をつけなきゃいけないのよね*(注：身長の成長は許されるのにね)*。

自分自身のファッションスタイルを進化させるには苦労が伴うってことをこの写真を見つけて思い出したわ。

CM、ファッション雑誌や新聞の付録のカタログ撮影などの仕事は、ミリタリーなワークパンツ、肩パッド、ベルボトム、ロングドレスなど、自分に絶対似合わない洋服を着るっていう素晴らしい体験ができたわ。キャスティングの時でも他のモデルがスキニー・ジーンズ、細身のタンクトップを劇的に細い足で着こなすというのが主流の中、私はぶかっとした恐竜がプリントされたTシャツとミニスカートという格好が断然好きだったの。取捨選択の長い過程を経て自分独自のスタイルを確立し、一度自分に似合う形がわかってからは楽になったし、それからはそのシルエットを軸にいろいろ実験するようになったの。2000年代の初め、チャリティー・ショップで買いあさってきたドレスを切れ味の鈍いハサミで切り刻んではリメイクしようとして、その切れ端で私のベッドルームは散らかりっぱなしだったの。今でも時々、そういうことに挑戦したくなるし、Tシャツにプリントされたあの恐竜たちのことが好きなのはずっと変わらないわ。

FUCK YOU

美容室に行く前夜、見違えるほど素敵な髪型にしてもらおうと毎回といっていいほど決意する。我慢強く待ち続けて、髪の毛が気味が悪いほど長くなり過ぎても、いざ髪を切って整えるとなると怖じ気づいてしまう。「少し整えて欲しい」という希望を伝えたはずなのにピクシーカット*になるなんて、美容師の感覚がざっくりとしすぎていて、5インチ（約12cm）単位みたいなだいたいの長さでしかカット対応できないのが原因なのかもしれない。そうやって長年美容師の仕上がりにだまされ続けてきたのが原因となり、髪を切るのに不信感を培ってきてしまったのだ。とにかく、分厚いプラスチックのカバーがかけられた「*Red*」や「*People*」みたいな雑誌のバックナンバーを読む客と一緒にあの灰色の、屈辱的にダサいローブを着せられ辛抱強く待つなんて、なんだか恥さらしみたいなんだもの。まわりの会話を耳に入れないように努力してもそれは無駄に終わり、くだらないゴシップを聞かされ

＊少年のようなショートカット

るはめになるの。サロン全体が聞き耳を立てているので、どこで休暇を取るのか会話を交わしただけで、一時間後には暴露話に話がネジ曲げられ、まるで懺悔室にいるみたいな気分になる。こんな風に美容室では個人のプライベートな情報があっという間に広がってしまうのが大きな問題ね。美容室特有の照明とタオルのターバンを巻いた姿は、普段自分でも気になっている顔の嫌いなパーツを強調してくれちゃうから、髪を切る日はいつもより念入りに濃いめに化粧をしていって、それに備えるようにしているの。

みんな、人生で一度はあの箸みたいなダサいかんざしを髪に刺した経験があるはず。10代の時はずっと、父が私の専属美容師だった（ホルモンバランスの乱れ？　楽観主義の過ち？　それともただ便利だったから？）。言っておくけど、父は髪を扱う職業に就いて熱心に働いたこともないし、私の髪を切るのも彼のアイデアではなかった。ある日、父が園芸用のハサミを使って手に負えないほどぼうぼうと生い茂った垣根と格闘している姿を私が発見し、もしかしたら父なら私をジャンヌ・ダルク風のマッシュルーム・カットにしてくれるかもと思いついたのがきっかけみたい。

モデルとして活動してきた時期にも失敗談がある。たびたび髪のカラーをまったく別の色に変える仕事がきていたんだけど、とあるタイミングで自分の好きなカラーやカットにしていいという依頼があった。私はカート・コバーンになってみたいとリクエストした。元々ボサっとしたボブだったのを、髪の根元が伸びてしまった風に意図的に仕上げた。超がつくほど恥ずかしい見た目ではなかったけれど、近い将来、私はきっとその姿を思い出し、後悔して縮みあがりそうな気がする。

[おしゃれなヘアスタイルの人]
ジュリー・クリスティ
ミア・ファロー
映画「ヘザース」の時のウィノナ・ライダー
ジェーン・バーキン（どんな時でも）
60年代の時のミック・ジャガー（注：現在ではない）
白雪姫
映画「レオン」の子役時代のナタリー・ポートマン

[ダサいヘアスタイルの人]
1980年〜1989年にかけてのすべての人

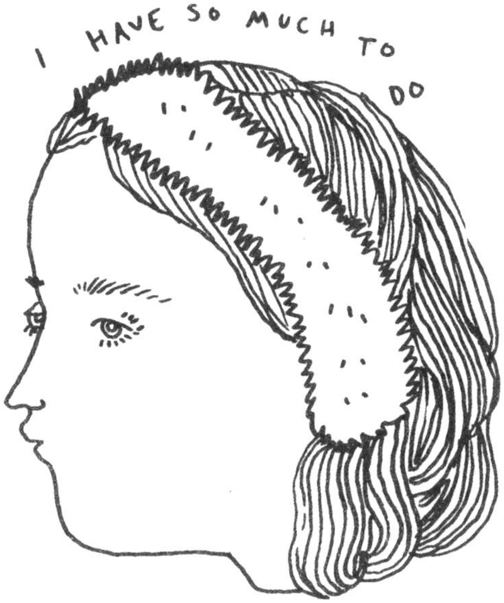

I HAVE STARTED PUTTING NAIL VARNISHES IN THE FRIDGE TO KEEP THEM NICE BUT NOW THERE'S NOWHERE TO PUT THE BUTTER.
CHANEL

PENGUIN
BOOKS
LOVE IN A
COLD CLIMATE
NANCY MITFORD

男の子たちは、どんな髪型だって
気にしないと言いながら、
超定番の髪型をした女の子に
気持ちが移り、挙げ句の果てには
あなたを捨ててしまう。
そして男勝りのショートカットの
あなたは自分がひとりぼっちだと
いうことに気が付いてしまい、
グラノーラに涙を落とすことだろう。

ジムで着る服って根本的に微妙よね。ストレッチ素材のスポーツウェアを着こなしてスタイルよくきめても、実際誰一人として見てないんだから。私はジム・バニー（＝ワークアウトばかりして身体を鍛えあげている人）になんてなれないし、もちろん本物のウサギとはほど遠いわ。だから私はいろんなタイプの運動にここ何年も取り組んで、せめて健康で年を取らないように努力してきたの。最近のマイブームはジャイロトニック*なんだけど、親友が運動をしている私を見学しに来て、「A.参加するのに高い金額を払わなければいけない」「B.はたから見れば死んだようにだらっとした手足をインストラクターがいろんな形に動かしてるようにしか見えない」そして「C.見学をしに来た日にビョークがクラスに参加していた」という3つの理由から、彼女はこの新しい趣味のことを「なよなよした金持ちのための運動」と呼んでいるわ。ジャイロトニックって一体なんなのかという説明はさておき、その運動に適した服装が見つからないという問題に、私は直面しているの。最初の頃はパジャマのズボンとダサいTシャツにわざわざ着替えて出かけていたんだけど、すぐに「ジムに行くとは家から外に出かけることである」という事実に気付いてしまったの。もしもあなたがパジャマにみすぼらしいTシャツを合わせたファッションで出かけたら、まわりの人があなたのことを、超絶に面倒くさがり屋か、失恋中だと勘違いするのを覚悟して出かけなければいけないわね。そんな心苦しい状況を避けるため、最近は運動用の洋服一式を揃えたの。でもそのウェアも私には全然似合わないの。きっと誰が着ても似合わないんだと思う。一体なんでスポーツウェアって揃いも揃って80年代風になっちゃうんだろう？

＊木製の機械を使って全身ストレッチする運動

「もしあなたが雑誌でその衣装を着ていたとしても、
その服をジムに着て行ってはいけません」

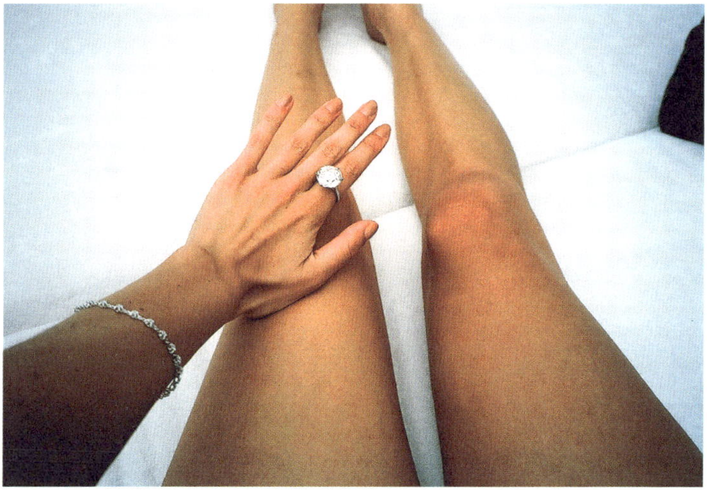

DEAN & DELUCA

20代に差し掛かり、洋服への興味も真っ盛り。その時期、最後に格上げしたものが**「下着」**だったの。ディズニーのキャラクターがプリントされた下着は最後の最後までお別れするのは辛かったわ。きっとその上下のセットは、70歳になるまでに私が身につけるであろう下着の中で一番着心地が良いはずよ。高級下着と、ポルノショップで売られているチープでセクシーな衣装の境界線は明らかだけど、実際はどちらも思っているほど物は悪くなかったりするのよね。高級下着って乳首のカバーとTバックだけで数百ポンドもするのにそれはどうやらふつうみたい。量産されていないものは値段が高くなるのは当然だけど、高級下着に手を出そうとした私は早速混乱してしまったわ。実際、私のお気に入りはハイライズのショーツで、見る人が見ればおばあちゃんパンツに分類されてしまいそうだけど、映画「ジョージー・ガール」のシャーロット・ランプリングや「女は女である」でのアンナ・カリーナがストリップするシーンで彼女たちが履いているそのハイライズのショーツは魅力的で、その価値を正当化してくれるの。Tバックは誰が着てもきわどいと思うわ。紐パンツを履くくらいならノーパンの方がよっぽどマシよ。

WARNING
MISE EN GARDE

Please Leave room for the water
REGULAR LOAD
£3-00
Use a Spin Dryer first
9
10
11
REGULAR LOAD
£3-00

女の子のバンドは
たった一度だけ光り輝く。
これは法則であって、
それを変えようとしては
いけない。

ヌードはフェスの風物詩。それに加えて、太陽を見て時刻がわかったり、Barbourのジャケットをどうやってベッド代わりにするか考え出したり、観衆の中でこっそりおしっこをする賢い方法を見い出せる。イギリスのフェスに行ったことがない人にその様子を説明するのはとても難しいわ。毎年夏になると公開される泥風呂の写真、そこには世論とはかけ離れた何かが存在する。泥で固まっている半裸の男性がニヤニヤと笑いながらビールを握っている姿を見て「あんなのちっとも楽しそうに見えない」と人生のある時点で、私ははっきりと確信したの。それでも、フェスの間は見知らぬ人たちがみんなドラマ「グッド・タイムス」の看板モデルみたいに見えるのは嬉しいんだけどね。

フェスといえば、なによりもまずライヴを見る場所。それに加え、我慢強さを試される場所であり、そこでの経験は友人との結びつきをより強いものにしてくれて、人生の糧となるわ。フェスって高級なブランドファッションできめてくるような場所ではないのが常識。一昔前だったら来ている人たちの個性的なファッションを見るのが楽しみだったわ。でも最近だとフェスのファッションがひとつのジャンルみたいになっちゃってて面白みに欠けていて残念だわ。花の冠は驚くほどみんながつけているし、洋服や顔のどこかしらをラメでキラキラと光らせて、もちろん、そういう子たちの半分はウェリントンブーツを履いているものなの。ウェリントンを手に入れられなくても心配ご無用。残りの半分の人たちは、足が凍傷みたいにかじかまないように、ビニール袋を靴にかぶせるっていうお手本をあなたに見せてくれるはずだから。

[フェスで必要なもの]
ウェット・ティッシュ
毛布
水
ラメ

[フェスで必要じゃないもの]
初めてフェスに行く時に母が私に持たせた、
にんじんスティックとお手製のフムス*
睡眠
鏡

＊ひよこ豆のペースト

「親友と風船を手に入れる。
砂漠で開催されるロックフェスに行く。
24歳になる」
これが熱狂する方法。

MYERS
EINSTEIN

もしトムボーイというのは木登りや取っ組み合いをしたり、男の子みたいに気ままに振る舞うのが好き、という定義があるのだとすれば、いうまでもなくそれにふさわしい着こなしが必要となってくる。私の好きなファッションは着心地が良くて、（だらしない感じじゃなく）気楽で、リラックスって言葉がぴったり当てはまるわ。たとえジョギング用のズボンはリラックスできても、それはちょっとリラックスし過ぎかもね。私が思うに、トムボーイのファッションって、どんな洋服を選ぶかというよりもその心意気が大切になってくるの。たとえば、Tシャツとショートパンツを着たブリジット・バルドーはトムボーイとはいえない。なぜなら彼女の兄弟は彼女のことをラグビーボールのように庭中投げ回したりしない

から（私は実際にされてきたけど）。それに、ただの小さなお皿でさえも彼女が持てばセクシーに見えるってくらい、彼女はただの「超セクシー」なだけじゃなくて、「史上最もセクシー」な女性だと認められているの。Googleの写真検索で出てくる膨大な写真の中から偶然アニタ・パレンバーグの写真に行き当たったんだけど、彼女はぴったりとしたミニドレスでキース・リチャーズと腕相撲をして、打ち負かしていたの。摩天楼のビルみたいに高いヒール、ウエストがぎゅっと絞られたドレス、寄せ上げブラジャーを身につけるほうが快適、なんていう女性がいるけれど、私は時にそういったファッションに手を出そうと試しても、土壇場で気持ちが変わってしまい、ヒールはフラットシューズにチェンジ、上着を掴んで肩からかけずにはいられないわ。一晩中踊り明かし、足を引きずりながら家に辿り着く。その翌日にはポケットから１ドル札が何枚も出てくる。そんな最悪な夜を過ごすことを考えると私の優先順位の中で、実用性は上位に食い込んでくるわね。それが説明になるかはわかんないけど、パーティーで猫好きオバさんみたいにわざと変な風に見られるように振る舞っちゃうの。まあ実際に猫を飼ってもいないし、まだその予定もないんだけどね。ぶかっとしたＴシャツに胸を小さく見せるチューブトップを着ている女の子のほうが魅力的に見えるの。それは私が男の子じゃなくて、女の子であり、トムボーイだからなのかも。なんだか頭が混乱してきたからここら辺でこの話は終わりにするわ。

このジェレミー・アイアンズのふわふわした柔らかそうな髪を見て欲しい。ほら、見て見て！　肩にセーターをかけてもばっちり決まっている男性ってこういうことね。もし彼が舞台に立っていなければ、カントリー・クラブにいてもおかしくないわ。私は激烈なジェレミーファンってわけじゃないし、たくさんの人を私のファッション・アイコンのリストから漏らしているにも関わらず、彼が私のリストに入っているのは不思議だって自分自身でもわかっているんだけど、そんなのたいした問題じゃないわ。ジェレミーだったらこんな服を着るかもしれないっていうアイデアを考えて投影させるのにぴったりな人物だっていうが重要なの。ジェレミーがプレッピーを着崩しているバージョンを想像するのが大好き。タバコを滑り込ませるポケット、片眼鏡にネッカチーフもすべて。彼への尊敬の気持ちを込めてストライプのシャツにカーディガンを羽織る。そうそう、それに、友達のステファニーと私は、ジェレミーならどんな風に着こなすのか想像するのに取憑かれたように夢中になってしまったから、私は彼女にジェレミーってあだ名を付けたのよ。

ナイキのエアー・マックス、Tシャツ、黒いパンツという変なファッションになる以前、ミック・ジャガーはカッコよさの化身として60年代、70年代の申し子だった。
その人の個性を打ち出すステージ上のファッション、オフステージのプライベートなファッション、私はそのどちらも好き。
「悪魔を憐れむ歌」の時期は、ストーンズのメンバー全員が最高潮にカッコよくて、まるでファッション誌の撮影のワンシーンのよう。当時これが彼らの普段着だったんだから驚きよね。60年代のロック・バンドって自由で実験的で、洋服を選ぶ時にその独自のセンスを反映させているところに魅力があるから、ファッション業界の人たちの大半は彼らのスタイルを参考にしているの。ミュージシャンがスタイル・アイコンとして人々の興味を引く理由は、ファッションの分野においても新しいことに挑戦するのに恐れがないからなのかも。スパンコールでキラキラ輝くケープを数千人の前で着ても、誰一人びっくりしないという自信を一度手に入れてしまえば、日常でどんな洋服を着ればいいのかという基準も変わっていくはずね。（私はフードを着ると、いつもデヴィッド・ベイリーが撮った左の一枚を真似しようとしてしまうの）

ビートルズの中で誰が一番好きかなんて質問は馬鹿げているわ。だってメンバー全員が同じくらい大好きだから。でももし彼らのファッションってことならば、私はジョージ・ハリスンのファッションを崇拝していることは隠せない事実なの。時々、男性になった気持ちでファッションを考えるんだけど、私はジョージから特に影響を受けていることがわかったわ。ふつうならば、上下デニムのスタイリングはNGとされているけど、ジョージだったら完璧に着こなせる。彼のスタイルがテディー・ボーイからロッカーズ、モッズ、ヒッピー、パーマと変わっていく様子を研究するのってとってもワクワクするわ。チューリップ・ハットを主役に、ミリタリー・ジャケットにネッカチーフを合わせた「パイオニアの時代」のジョージが個人的には面白いと思うわ。浜辺でリラックスしている時だって、着古したブカブカのTシャツに赤い毛糸の帽子をかぶっているの。ズボンは履かずに、帽子はかぶっちゃう。よくわかんないけど、そこが魅力的。さらに年を重ねてからは、髭を伸ばしていて、その姿もとってもセクシーで、ベタ褒めせずにはいられないの。だって髭を伸ばしてますます格好良くなることって、実際はとても難しいことだから。生まれながらにとびぬけたファッションセンスを持った天才、ジョージ・ハリソンはまさにその一人よ。

Fire door
shut

NAL

ジェーン・バーキンは特に何もアクションを起こさなくても私に絶大な影響を与えているわ。もちろん、彼女はたくさんの功績を残してきたけれど、そんなことより私は彼女の外見そのものからたくさんの影響を受けてきた。おてんばな雰囲気に、すきっ歯、そしてどんな時でも魅惑的なヘアスタイル……彼女の魅力をリストにしたらきりがないわ。私が初めて彼女を見たのは、60年代の映画「欲望」の中でタイツだけを身にまとったカラー映像だった。世界中には山ほど可愛い人がいるけれど、ジェーンの魅力は（彼女の名前からつけられたエルメスの超高級バッグはおいておくとして）その精神にあると思う。彼女のトムボーイなスタイルは、同年代の女性とは一線を画している。写真を眺めているだけでそのスタイルから刺激を受けるし（じっと見つめているだけで彼女になれたらいいのに……）それと同じように、彼女がひとたび歌えば、こんなに上品で魅力的な女性は他にはいないと感動してしまうの。65歳になっても、タキシード、くしゃくしゃの髪、そして裸足で、ステージ上で完璧にマスターしたフランス語で話す。そんな彼女を見ていると、女性である喜びを味わいながら、おしゃれをすることができるのだと再確認できるの。ありがとうジェーン・バーキン。彼女は無限のファッションのアイデア、そして私に女の子らしく振る舞いながらもトムボーイなおしゃれをすることに自信をくれた恩人よ。

グルーピー：*ロック・バンドのファンで、そのバンドのライヴ・ツアーを追っかけている人たちのこと*

セクシーだけど、お金や手間をあまりかけないのがグルーピーのファッションの基本。もしロック・バンドとツアー旅行に出るならば荷物は身軽な方がいい。彼女たちは持ち物を一気に全部身につけているから、あのオリジナリティのあるグルーピーファッションができ上がっているのね（そうすればツアー・バスにすぐさま飛び乗れるわ）。
シャワーを浴びる機会はなかなか無いし、ヘアーブラシさえすぐに使えない（パメラ・デ・バレスのこんがらがった髪を見ればそのツアーの過酷な状況が想像できるわね）。

アニタ・パレンバーグはホット・パンツ、ミニＴシャツ、そしてそれにスカーフを組み合わせるスタイルの女王。ビアンカ・ジャガーは上げ底ブーツのくるぶしのところにバックステージパスを巻き付けて留めていたわ。マリアンヌ・フェイスフルは生まれながらの美貌に加え、すごく大きな胸の持ち主としても有名だった。あなたにもし隠れた音楽的才能があるならば、バンドにグルーピーとしてくっついているよりも、バンドのメンバーになって楽屋をうろうろしているほうがきっと素敵だと思うわ！

一般的に名曲と言われている曲ってほとんどが失恋や傷心がテーマになっているわ。もし、「悲しい曲フェス」を開催したければ、このリストにあげた曲で十分悲しみに浸ることができるはずよ。

「Waiting 'Round to Die」- Towens Van Zandt
「Blues Run the Game」- Jackson C. Frank
「Strange」- Patsy Cline

恋に落ちたばかり？　ではこちらはいかが？
「I Only Have Eyes For You」- The Flamingos
「And I Love Her」- The Beatles
「You Send Me」- Sam Cooke

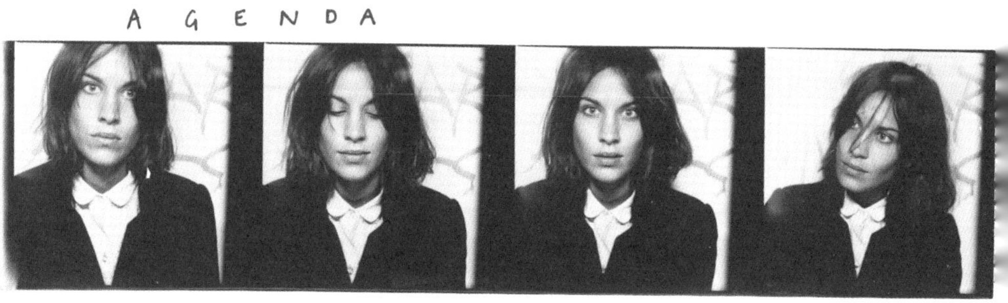

失恋の一番の問題は、失恋した時には誰も助けてくれないってこと。誰も、そして何も、助けてはくれないの。映画を観ながら必死にシンパシーを感じる登場人物を探そうとしても、ウィスキーを一杯でもボトル全部でも飲み干してベッドにいても、もちろんInstagramだって、あなたを助けてはくれない。あなたがどんなに幸せぶった写真をInstagramに投稿したところで、心の傷は癒されたりしないわ。
Instagramに写真を投稿するたび、ハッピーな毎日を「演出」しているだけ。それが事実よ。画面をスクロールして元カノだか元カレが、デートしている写真を眺めても気持ちは晴れないし、写真のフィルターを使えばおしゃれに加工できるけれど、実際の生活はその写真に映っているほど素晴らしいものじゃないってことをちゃんと直視しなくちゃいけないわ。

答えが知りたい、そんな時、疑問に思っていることをGoogleに打ち込んでみるの。「失恋はどれくらい続くの？」って検索したことがあるけど、その質問よりも「胸焼けはどれくらい続くの？」って検索している人がもっとたくさんいるみたい。失恋よりも胸焼けで苦しんでいる人が多いってことはまだマシな気がするわ。だって失恋の悲しみって何度も何度も切なさが逆流してくる最悪の状況だから。それでも傷心って身体的には外傷がないのが不思議で、まるで誰かが胸の上に座っているみたいに重たいし、目が覚めた時にまるでピンや針で右手を刺されているような気持ちになったりすることもあるわ。ある女の子が、そういうことが起きるのは心が傷付いている証拠だと、かかりつけの鍼師が教えてくれたって言ってたっけ。鍼は身体に効くことがわかっている鍼の専門家がそういうことを言うのって、なんだか皮肉よね。もうひとつ、伝えなければならないこと。それは傷付いている時に「大丈夫」って言ってくれる人だったらどんな人の話でも聞いて、気持ちを分かち合いたいと、人は思ってしまいがち。

とある夜、パリにいた私はバーの片隅にマリアンヌ・フェイスフルがいるのを発見してしまったの。リード・ヴォーカル以外の男の人とデートしたことがない、そんなマリアンヌ・フェイスフルは私にとってグルーピー界の頂点に立つ憧れの存在で、自称グルーピーの私はファッション・ウィークで酔っぱらって頭がぼんやりしていたのもあって彼女にずんずんと突進していき、「いったいどうやって!! ミック・ジャガーとの別れを克服できたの!!?」ってストレートに聞いてみたの。そしたらマリアンヌは「あらあら、お嬢さん、歌詞なんて信じちゃダメなのよ」とだけ答えてくれたわ。私はその答えをあまりよく理解できなかったから、その代わりに母に(もちろん、ミック・ジャガーのことじゃなくて)失恋について聞いてみたの。「*心が傷付かないまま人生を歩むことなんて誰だってできないわ。いつか、目が覚めた時に、もう大丈夫と思える日がくるわ*」と教えてくれて、母は本当に素晴らしい人だと確信したの。彼女はまるで不思議な予言者みたい。もし彼女がケーキを焼いたり、ラジオを聴いたりするイギリスの生活に幸せを感じていなかったら、魔女裁判にかけられていたかもしてないわね。失恋した時に母は「去る者日々に疎し」、その逆で「会えない時間が長くなるほど人の心は愛情が深くなる」とも言っていたわ。さらには（これを口に出すのはちょっと抵抗があるけど）、「失恋から立ち直りたければ新しい相手を見つけること」とも教えてくれたわ。母が私を闘牛みたいに奮い立たせようともくろんで言ったわけじゃないと思うけど、何度か母の教えを実践して、実際に次に発展して新しい彼氏ができた経験もあるし、母には傷付いた心の底から、感謝したいと思っているわ。

絶望の中だからこそ得られることもある。あなたが、コートの代わりに毛布を羽織っていても、友達は非難したりはしないわ。8年もちゃんと禁煙していた女の子が、心がズタボロになってしまって、部屋の中でタバコを吸っても、誰もそれをとがめようと思わないはず。ふだんはまったく心配してくれなさそうな人だってあなたを気遣ってくれて、みんな優しく親切にしてくれてることに気付かされるわ。あなたが悲しみに暮れている時、励まそうと笑わせてくれる、その笑いは今までの人生の中で一番幸せな笑いだと思うの。失恋したけれど、やっと前向きに一日をスタートできて、外の喫煙所でタバコ休憩をしていたの。一緒にいた友人に私はもう大丈夫だと伝えた時、タバコの箱の裏に書いてある警告文を見て「あなたを殺さないものがあなたを強くする」っていう一節が口をついて出てきたんだけど、すぐに彼女は真面目ぶった表情で「それは違う。あなたを殺さないもののせいで、あなたは死にたくなるのよ」と皮肉を返してきたわ。

「あなたにもし娘ができて、その娘が失恋した時にどんな言葉をかけてあげればいいのかわかっておくためにも失恋して傷付く経験は決して無駄にはならない」。人生で最悪な状況の時に、この最高に素晴らしい言葉を教えてもらったの。私はアレクサ・チャン。いつか娘ができたなら、その時には彼女にこう伝えるの。

*「心が傷付かないまま人生を歩むことなんて誰だってできないわ。いつか、目が覚めた時に、もう大丈夫と思える日がくるわ」*と。

そんな日が来ることを、私は本当に待ち遠しく思ってる。

Coca-Cola

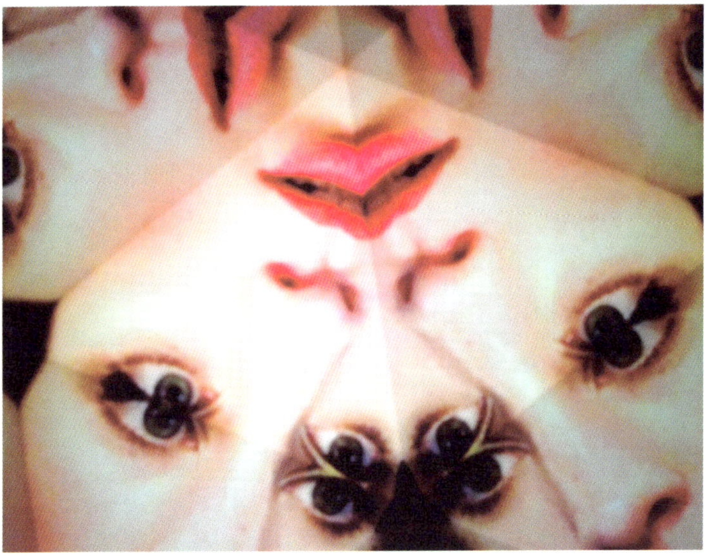

THIS WAS SUPPOSED TO
BE YOU
BUT NOW IT'S JUST A
STRANGER

E
Y
DEAD
S
D
EA
DYES
deadeyes
deadeyes
E
Y
DEAD
S

BV 16059
Adult
Name
Ms
This photocard is valid for use only by the person shown with a ticket bearing the same number
London Transport issued subject to conditions - see over

「リアーナをかけてよ」っていう
文字がタイプされた携帯の画面を
見せてくる客が現れない限りは、
私は人前でDJをするのも
楽しいと思えるわ。
個人的にはダンスしたり
一緒に歌ったりできるから、
古い曲をかけるほうが好き。
今のダンス・ミュージックって
退屈すぎて思考回路が
停止しそうになるの。

夏の真っ盛り、そして冬本番の時期になると私を憂鬱にさせる男の友人がいる。異常な気温のせいじゃなくて、そんな気温なのに、彼が愛しい愛しい革ジャンを着てることにうんざりする。革ジャン無しじゃ生きていけなさそうなくらい、彼のイメージに定着しているわ。革ジャンって昔はバイカーやロッカーズの愛用品だったのに、ここ数年で若者の必須アイテムになってしまったことで自分は苦手意識が強くなってしまったの。

ライダースジャケットほど年齢を感じさせるものはないけど、開き直って着続けているスラッシュ[*]やジョニー・マー[**]やカムデンやロサンゼルスの住人に「みんな、ごめんね、もう革ジャンの時代は終わったわ」って言える勇気ある人がいればいいのにね。レザーよ、バンザイ。最後にはていねい

＊ガンズ・アンド・ローゼズ　＊＊ザ・スミス

に汚れを拭き取って、きれいにしてもらわなきゃね。

本当は、私だって革ジャンをたくさんコレクションしてる。それなのにネック部分のタグを見なければ見分けがつかないし、こんなに持ってるのにまた同じような革ジャンを買い続けてしまう。私の他の洋服もずっと私の定番ワードローブばかりなのに、買い物に出かけるたびにそれを忘れて似たようなやつを買ってしまう。店に入った途端、自分がどんな服を持っているのか物忘れしちゃう病気なのかも。

これからあげる５つは私の生活に欠かせない必須ファッションアイテム。この５つをベースにすることで、新しいアイテムや不思議な洋服でも上手に取り入れられるの。このアイテムたちがなくなったら路頭に迷ってしまいそう。

1.デニムのホット・パンツと私の相性は本当に別格。旅に出る時もハンドバッグに忍ばせておくの。だっていつか離ればなれになってしまうんじゃないかと心配だし、代わりになるボトムが見つからなくて一生ボトムなしで過ごさなければいけなくなったら大変だもの。ブリクストンのチャリティー・ショップの奥に潜んでいたのを発見してからは切っても切れない存在になったの。寝室の床に脱ぎ捨てても、私のお尻の形をそのまま残して横たわっているみたいでとっても愛らしい。派手なトップスに合わせてドレスダウンしたり、フェスでズボンが泥まみれになった時の代えのパンツとしてとても役に立ってくれるわ。ここ数年で何度も短くカットしてきたから今じゃ大事なところのギリギリの境界線まできてる（どんどんセクシーになってきてる）わ。デニム生地がぼろぼろになって糸がほつれて落ちていくまで、この特別なホット・パンツはまだまだ現役ね。

2.ネイビーカラーのプルオーバーは誰でもデザインできそうなほどシンプルだけど、私にとっては最も大切なアイテム。そのうちのひとつは元カレのもので愛用しているの。ショップが「ボーイフレンド・サイズのジーンズ」とか「ボーイフレンド・セーター」とか名前を付けて売り出す以前は、みんな喜んで彼氏の洋服を着てぬくもりを感じていたのにね。旅行に行く時は絶対に持って行くし、朝、何を着ていいか分からずにパニックになった時にも何度助けられたことか。失恋をした時、これを着ればいつだってハグしてもらっている気持ちになれるし、励まされるからって、男友達が彼のカシミア製のネイビーのプルオーバーを送ってきてくれたの。その効き目はばっちりだったわ。

3.長い間お金を貯めて、バーバリーのトレンチコートを手に入れたわ。袖を通すと60年代のフランスの探偵にでもなったような気分になれるの。アノラック、トレンチのどちらを手にしたとしても、実用性重視で堅苦しいほどキッチリしている典型的なイギリスらしさを愛する日がいつかくるだろうから、このトレンチを手に入れた選択は間違っていなかったと思うわ。

4.女性なら誰でも、とっちらかったたくさんのものを一気に詰め込んで運べる入れものが必要だと思うの。アクセサリーみたいに華やかでかわいらしい小さなバッグも大好きだけど、キャンバス製のトートバッグにいろんなもの詰め込むのも同じくらい好き。時々、男の人みたいに、必要なものをズボンの後ろポケットに滑り込ませるスマートな生活をしてみたいと思う。でも、携帯を探すためにバッグをひっくり返したのに、実は手に携帯を握っていたなんて失敗が毎日のように繰り返される私には到底無理そうね。キャンバス地のトートバッグはシャネルの2.55*みたいに定番なのに、神経をすり減らさず洗濯機でゴシゴシ洗えるっていう特典もついてくるから最高ね。

*チェーンバッグ

5.必須アイテムを５つに絞ろうと思ったけれど、無理だったみたい。何にでも合わせられるアンクルブーツ、レイバンのウェイファーラー・サングラス――これを夜にかけると浮世離れした人にみられる。フラットなバレエシューズ――ダンスはできないけれど、ついつい試してみたくなる。オーバーオール――ちっちゃな子どもと私だけしか好きじゃなくても構わないわ。白いシャツ、これはもう説明不要ね。

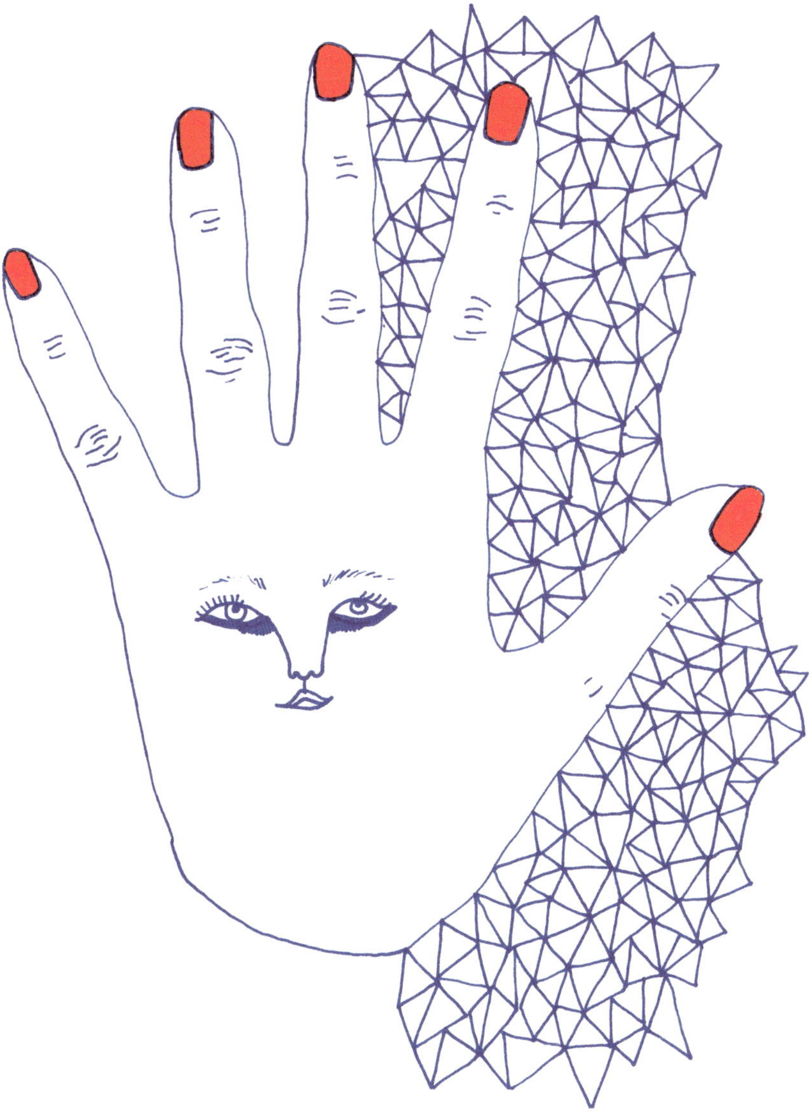

Fire door
shut

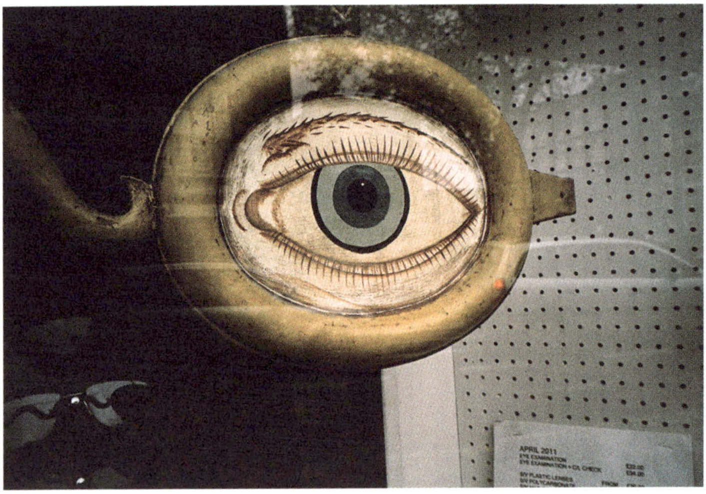
APRIL 2011

THANK YOU
COME AGAIN

ケイト・モスは、どんなシチュエーションでも帽子を格好良くかぶれる人、に選ばれ続けてきた。ナポレオンやロイヤルファミリーはその選考から漏れていたけど、それはそれでいいわ。クリスマス・クラッカーの中に入っている紙の王冠は誰にでも似合うから1年に1回しか楽しまないなんてもったいないし、女の人の大多数はヴェールが似合うはずなのにそれをかぶる機会はほとんどないのも残念よね。王冠やヴェールはとりあえずおいといて、気軽にかぶれる帽子って何だろうって考えてみると、ニット帽とベレー帽なんじゃないかな。ニット帽は誰がかぶってもたいていよく似合うわ。最近はボーイズ・バンドの定番アイテム、みたいになっているのはちょっとどうかなって思うけど。ショートヘアだとそういった帽子がなかなか似合わないかもしれないわね。私が髪を伸ばしている理由のひとつは、冬にすっかり占領されるこの寒い街で、もし髪が短かったら1年のうち7ヶ月もの間、男の人みたいな格好をしなきゃいけないのはごめんだからよ。ベレー帽は、絵描きのフランス人かイースト・ロンドンの流行に敏感な若者ってイメージが強いわね。ついでに、映画『*俺たちに明日はない*』でのフェイ・ダナウェイの帽子の着こなしがすっごく素晴らしいことも書いておかなくちゃ。では、帽子をお忘れなく。

今朝、ノートパソコンの上にコーヒーをこぼしちゃったことをTwitterに書いて、なんてつまんないことをしてしまったのかと、Twitterを責めたくなった。見知らぬ人たちのために要らない情報まで共有することを初めて覚えたのはMyspaceだったから、Myspaceも責められるべき存在よね。Myspaceはそもそもメジャー・レーベルと契約していないバンドをフックアップするウェブ・サービスだったのに、退屈な人たちがはびこる巣にどんどん変わっていってしまったの。私が人をストーキングする才能を磨いたのはここでだったわ。顔文字や曲（トーキング・ヘッズの「Psycho Killer」をかましていたわ）で自分を表現できる天国みたいな場所だった。それでも、目がチカチカする文字やアイコンが画面いっぱいに広がるこの場所に私はすぐに嫌気がさしてしまったわ。

ソーシャルネットワーキングって名前はとても皮肉だと思うわ。自分を宣伝するだけで、他の人との繋がりなんてほとんどないんだもの。
「今誰々といるの」とか「こんなことをしたわ」とか、変な質問をしてみたり、一方通行というか、一方ツイートとしか言えないわ。
Twitterを140文字以内って決めた人は誰であれ天才だと思う。すべての話をたった3つの文章で完結させるなんて誰が考えついたのかしら？　今じゃ複雑な話も充実した会話も必要とされなくなっているのね。TwitterやFacebook、Myspaceのおかげで、マウスを動かして「いいね！」のボタンを押すのがコミュニケーションみたいになっちゃったことに今すぐにでも文句を言いたいわ。

最近、友人の話を聞いている時、実はその話は既にTwitterで何時間も前に知っていたのに、それを指摘するのは失礼かと思って言えないってことがある。最近はずっとそんな感じで、話を聞く集中力が欠落しているわ。友人の話を聞くふりをしながら、携帯で近況を書き込んだり、所在地を示すアプリを立ち上げてその場所に「チェックイン」しちゃう。どんな時でも「自分がどこにいて何をしているのか」みんなに知っててもらいたい……でも私ったら本当にそう思っているのかしら？

どこまでいったらこの時代の流れに終わりがやってくるの？
プライベートや、敬意、繊細さを大事に思う力は失われてしまったの？　ロマンスも廃れてしまうの？
失恋して落ち込んでいる時にタグ付けされた写真のせいでさらに悲しい気持ちになることだって何度もあったわ。こんなツールが無いシンプルな時代に戻って欲しい、心からそう願わずにいられないわ。全部言葉にしてぶちまけるよりももっと他のことで刺激を受けるべきだし、万が一、＃犬の事故、＃ケーキ、＃雪、みたいな便利なハッシュタグが流行のトピックになっていても、それを使ってみんなに愚痴を知らせようなんてバカな考えは捨てることね。

この前、びっくりすることが
あったの。最近は携帯のメールで
デートに誘うのが主流だけど、
ちゃんと電話をかけてくれて
飲みに行かない？ って
誘ってくれた男の子がいたの。
デート中でも携帯電話をいじって
Instagramに「いいね」のボタンを
押すような男の子ばっかりなのに、
彼は違ったわ。
ちゃんとした態度で私の様子を
気にかけてくれたり、
しっかり会話をしてくれたのよ。
こんな人ってレアだから次になにが
起こるのか楽しみだわ。

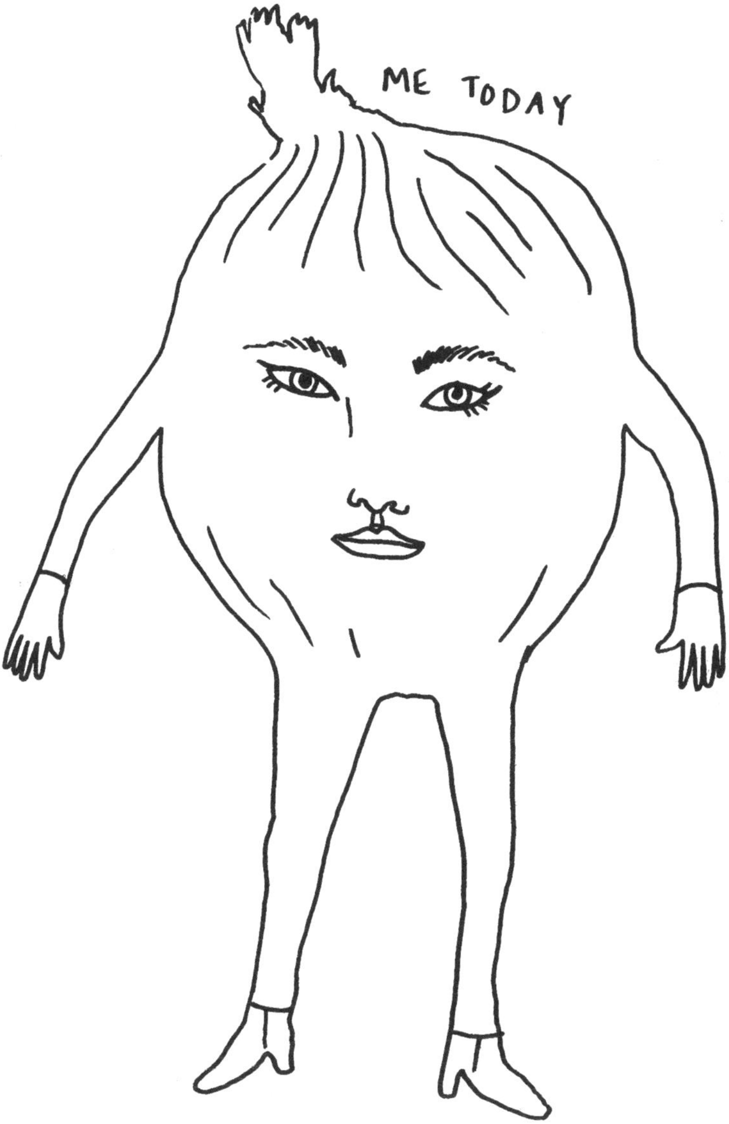
ME TODAY

ME

医者になる、ノーベル賞を取る、朝起きてベッドをきれいに整える……私にこれができたら母はきっと誇らしい気持ちになったはず。でも、成長していくと（それがどんな大きな目標であれ）ゴールを決めて自分の人生に責任をもつことがだんだんと重要になっていくし、その目標を達成すれば、自分に自信をもつことができるようになるわ。
私が誇りに思っていることは、近所のカラオケ店を占領できることよ。カラオケの常連客がもっとも多い時期にニューヨークのダウンタウンで予約を取るのは一大事。ずっしりとしたマイクに向かってニッケルバックの曲を叫びながら歌う情熱のスイッチがいつ入るかよくわからないけれど、全然飽きない。もしカラオケが大好きじゃなかったらあんなハスキーな男みたいな声で話したりはしないかもね。

よっぽどのカラオケ通じゃなくちゃカラオケ屋を占領できないの。そんなカラオケ通の私からカラオケパーティーに必要な４つのアドバイスをさせてもらうわ。

1.準備：音の質はどうだっていいの。目がくらむようなスモークマシーンがついてるカラオケバーが見つからなくても、いざという時は紙でつくったマイクで、YouTubeに合わせて歌えばいいのよ。

2.家での練習も必須だから、私の携帯には「カラオケ」っていうファイルがあるのよ。良い曲と悪い曲があるってこと、そしてその違いをしっかりと理解しておくことね。これは現実の、趣味の世界の話じゃなくて、カラオケの世界の話よ。

派手でダサい曲の方がカラオケでは良しとされているのが常識。フランク・シナトラを完璧に歌い上げたって誰も楽しくないわ。ここはぐっとこらえてワン・ダイレクションの曲を選ぶのが正解よ。

3.シャイかどうかなんて関係ないわ。目立ちたくない気持ちはほんのちょっとは理解できるけどね。見知らぬ他人に自分を知ってもらいたくて歌うわけじゃないし、聴いてくれる友人がいることに私は感謝したいと思ってるわ。たとえ、あまり歌いたくなくても、歌ったら大きな見返りがあることを知っていて欲しいの。私がR.ケリーの「Bump N' Grind」を歌った時なんて、それまで静かにしていた友達がみんなしてスタンディング・オヴェーション、拍手喝采で盛り上げてくれたの。あれは強烈に感動した夜になったわ。

4.深い時間になればなるほど、いい感じになってくるから追い出されるまで立ち去らないこと。

CC

ヴァイオレットは友人の娘なんだけど、その子は誰からの干渉も受けず、洋服を好き勝手な組み合わせで着ているの。ある日、彼女の持っていた（赤いラメ入りのハート形をした）ハンドバッグの中身を見せてもらうと、スピード写真で撮った自分の写真、1ドル、プラスチックの犬が入ってた。バレリーナが着るチュチュがついたレオタードに豹柄のコート、そしてそれにコンバースを合わせる彼女のセンス。お姫様みたいなドレスに男の子のコートと靴を合わせるのが彼女のお気に入りのコーディネートで、私はそのスタイルをとっても気に入ってるわ。もし子どもたちが好きなように洋服を選んだならば、きっと猫狂いのお婆ちゃんみたいなファッションと似てくるはず。もちろん私はそんなファッションが大好きなんだけどね。小さな頃からおしゃれ好きな子はいる。最近私は、私が子どもの頃に着てたのと同じような洋服を選んでしまっている。派手でカラフルなハーレムパンツ*を除いては。もし自分の好みがわかっているのなら、自分の感性に従うべし。

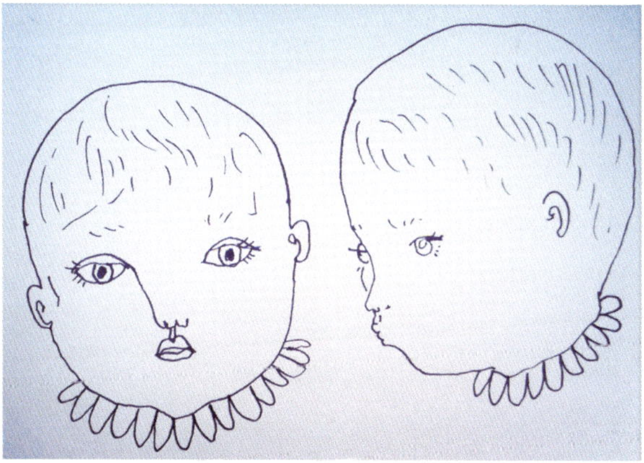

＊足首できゅっと絞られたゆったりパンツ

BALTIC

재경일보

今日では自撮りの技術をマスターすることが重要視されているわ。猫や赤ちゃん、ディナーの写真などをアップし尽くしてネタ切れした時、自撮りの写真は頼りになるってことをInstagramのアカウントをもっている人なら誰でも知っているわ。（このジャンルの専門家である）私はこう言いたい。まずはじめに光は重要よ。スポットライトや強烈な日中の光はダメで、オートフラッシュはあなたの一番の味方になってくれるはず。次にどんな洋服を着ているかがポイントよ。ズボンは忘れていない？　もしくはガウンは羽織っているの？（それなら大丈夫）とにかく、自分の写真を撮る衣装を決めたら、鏡の前に立ってみて。カメラの後ろに顔を隠すか、そうじゃないか、この２つのパターンがあるんだけど、もし今日が良い一日だったら、カメラの後ろからちらっと鏡をのぞいてみて。お願いだからレンズをまっすぐみつめないでね。リラックスが大事なの。寝起きのラフな感じで「たまたま今日の髪

型がきまっていたからそれを写真に収めずにはいられなかった」みたいに自然体にするのが基本よ。それが完成したら写真を撮りまくるの。気に入ったのが撮れるまで何枚でもどうぞ。（その後、パブで友人と飲んでいる時に誰かがあなたの携帯の写真をスクロールして消し忘れの写真を発見しなければ）そんなの誰も気付かないから。そして次のステップは証拠隠滅ね。いい感じの写真が撮れるまであなたがどれだけの時間や労力を費やしたのかなんて、知られたくないはず。お気に入りのやつが数枚完成したら、２～３週間に一度アップしてみんなと共有すればOKよ。

車から降りる時は用心が必要よ。スカートでワンボックスカーの後部座席の奥から這い出てくる時はなおさら注意。車から降りる時はまずその席の降り方を熟知しておくこと（折り畳みのシートと7分間も格闘したあげく、見兼ねた運転手が、あなたが探せなかったボタンを押して、やっと助け出される姿なんて誰も見たくないから）。さあ今こそ、「足をぶらっと揺れ動かして先に車から出す」方式を実行する時がきたわね。首をすくめて優雅かつ素早く一連の動きで外に出るの。頭を車の天井に打ったり、パンツをパパラッチされたり、後部座席に携帯を忘れてきたと急に思い出したりすることなく、このひとつの動作で車から出ることができたら自分自身に拍手喝采を送りたくなるはずよ。

ファッション・ショーの最前列（フロントロウ）って複雑で緊張する場所なの。長椅子でそれぞれの場所に座らせられるんだけど、お尻サイズくらいのスペースしか与えられないの。「ファッション業界人」がガリガリに痩せていなければならない理由はきっとここにあるのね（洋服のサンプルの「最大」のサイズが0だなんて異常よね）。椅子のところに自分の名前を見つけたらすぐさま、あなたの両隣に誰が座るか確認するのが重要よ。見下ろすと恐れ多い名前が書いてあることが頻繁にあるの。一番衝撃だったのはあの**アナ・ウィンター**の名前を見つけた時ね。彼女が到着するまでの５分間、パニックになりながら心の準備をしていたわ（実際の彼女はとても良い人で、心配の必要なんてなかったけど）。カメラ付携帯は役に立つから必需品よ。ピクシー・ゲルドフやリリー・アレンがランウェイを歩いてくる姿をしっかりと収めないとね。**「わああああ!!」**って大きな声で叫んで他の観客を惑わせ、その隙を狙ってこっそりと自分が好きなスタイルの写真を撮っておくの。ショーが終わった後にデザイナーにその写真を見せて、そのお目当ての服を貸してもらえないかお願いするのが私の戦略よ。昨晩どのパーティーに行ったとか、今夜どのパーティーには行かないとか、最前列での世間話って大体こんな感じ。お目当てのショーの前の晩のパーティーに参加する時には水とガムは必需品よ。夜のパーティーを楽しみすぎず、ちゃんと次に開催されるショーに集中するべし。もし会場に遅刻して到着して、たくさん立ち並ぶ椅子の中からかろうじて自分の椅子を探し当てて……そんなの恐怖の中の恐怖だわ。自分の座る場所がなくて、二列目の席のゴタゴタした集まりのところに追いやられちゃう。

もし自分の座るところを見つけられたら常に足を組んで座るの。たとえ花道の最後にいるカメラマンたちが「足を組まないように」と叫んでいてもそのまま足を組み続けるのよ（そんなのお構いなし、って態度がクールに見えるわ）。サングラスをひとつ、動物のファーを身にまとう、それであなたも仲間入りよ。時々、悪天候で着ている服がめちゃくちゃになる事件が発生するの。アレキサンダー・ワンのショーに到着する前にびしょびしょになってしまう緊急事態でも、デイジー・ロウやアリス・デラルみたいに笑顔で濡れた状態を楽しむべきよ。

カール・ラガーフェルドは本当に、本当に愉快な人。彼の頭の回転はすごく速くて、追いつくのは到底無理。もし彼が超有名なファッションデザイナーになっていなかったとしても、他のジャンルで卓越した才能を発揮していたはず。シャネルのファッション・ショーの後にツーショットを撮ってもらえる機会が何度かあって、緊張しているくせに緊張してないふりをしちゃった。この写真は大勢のカメラマンの列とラガーフェルド氏に恐れをなしているのを隠すために、写真を撮るので忙しいフリをしているんだけど、それに加えてタイツの上からサイクリングパンツなんか履いていないわってフリもしてておかしな感じになってるの。こんな、いかにもセンスがないファッションをしていたことを、あの日はまわりに気付かれずにすんで、ほっとしているわ。

テート・モダンのロスコの
部屋にいるのが好き。
なかなか来られる機会が
ないから貴重だし、
とっても心が落ち着くわ。

cardigan ↓ camel cashmere classic

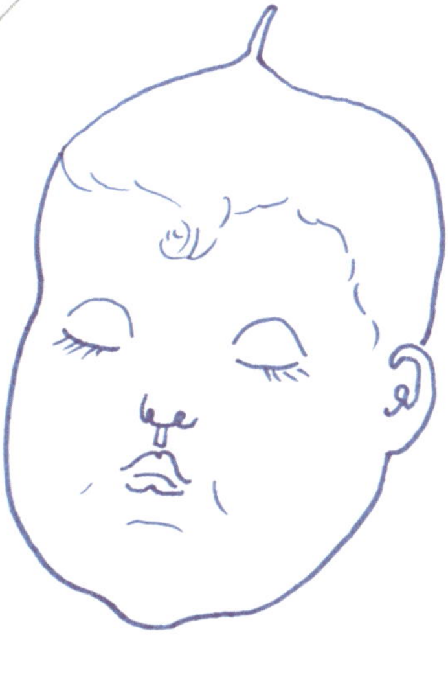

9歳の男の子が恐竜を好きみたいに、私も恐竜が好き。はっきりした理由はわからないけれど、純粋に大好きなの。きっと神秘的だったり、ずっと遠く昔のものだったり、びっくりするくらい巨大だからかもしれない。どんな理由にしても、ニューヨークにあるアメリカ自然史博物館の廊下に集められた恐竜の骨を眺めていると、クラクラせずにはいられないわ。ティラノサウルスを見てびっくりした後に、天井から吊るされて保管されているクジラの剥製がいる「海の世界」コーナー（注：これは勝手に私がつけただけで、正式名称じゃないんだけど）に移動するの。びっくりするほど巨大なクジラとは対照的に、とっても小さな海の微生物が部屋の片隅にある水槽に入れられて保管されているの。そこでは手足を光らせながら敵から逃げる海の不思議な生物についても勉強することができるわ。

私の将来の夢はその最上階にあるプラネタリウムの解説のナレーションを担当することなの。今はウーピー・ゴールドバーグがその声を担当しているから、まだまだその夢を実現する道のりは長そう。

FUCK
YOU

The End